U0285592

筑境

中国精致建筑100

1 建筑思想

2 建筑元素

3 宫殿建筑

4 礼制建筑

5 宗教建筑

6 古城镇

筑境

中国精致建筑100

楼阁建筑

覃力 撰文/覃力 等 摄影

中国建筑工业出版社

出版说明

中国是一个地大物博、历史悠久的文明古国。自历史的脚步迈入新世纪大门以来，她越来越成为世人瞩目的焦点，正不断向世人绽放她历史上曾具有的魅力和光辉异彩。当代中国的经济腾飞、古代中国的文化瑰宝，都已成了世人热衷研究和深入了解的课题。

作为国家级科技出版单位——中国建筑工业出版社60年来始终以弘扬和传承中华民族优秀的建筑文化，推动和传播中国建筑技术进步与发展，向世界介绍和展示中国从古至今的建设成就为己任，并用行动践行着“弘扬中华文化，增强中华文化国际影响力”的使命。从20世纪80年代开始，中国建筑工业出版社就非常重视与海内外同仁进行建筑文化交流与合作，并策划、组织编撰、出版了一系列反映我中华传统建筑风貌的学术画册和学术著作，并在海内外产生了重大影响。

“中国精致建筑100”是中国建筑工业出版社与台湾锦绣出版事业股份有限公司策划，由中国建筑工业出版社组织国内百余位专家学者和摄影专家不惮繁杂，对遍布全国有历史意义的、有代表性的传统建筑进行认真考察和潜心研究，并按建筑思想、建筑元素、宫殿建筑、礼制建筑、宗教建筑、古城镇、古村落、民居建筑、陵墓建筑、园林建筑、书院与会馆等建筑专题与类别，历经数年系统科学地梳理、编撰而成。本套图书按专题分册，就其历史背景、建筑风格、建筑特征、建筑文化，结合精美图照和线图撰写。全套100册、文约200万字、图照6000余幅。

这套图书内容精练、文字通俗、图文并茂、设计考究，是适合海内外读者轻松阅读、便于携带的专业与文化并蓄的普及性读物。目的是让更多的热爱中华文化的人，更全面地欣赏和认识中国传统建筑特有的丰姿、独特的设计手法、精湛的建造技艺，及其绝妙的细部处理，并为世界建筑界记录下可资回味的建筑文化遗产，为海内外读者打开一扇建筑知识和艺术的大门。

这套图书将以中、英文两种文版推出，可供广大中外古建筑之研究者、爱好者、旅游者阅读和珍藏。

目录

楼阁建筑

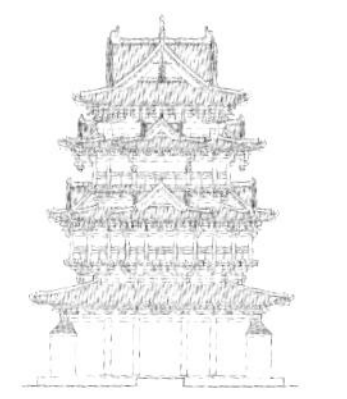

楼阁在中国古代建筑中，是一种极具艺术感染力的多层建筑。它们体量高大、华美壮观，或跻身宫苑之内，架空百尺；或踞于市井之中，巍峨矗构；或傍依岩壁之侧，突兀层崖；或莅临江渚之畔，俯峙山川。其造型之精、结构之巧，展示了木构建筑艺术和建筑技术的高超成就，令人叹为观止。其遏云蔽月的壮丽之姿，又常常让人产生“可上九天揽月”之遐想，蕴涵着向高空发展的通天愿望。

二千多年前，范蠡曾为勾践“立龙飞凤翼之楼，以象天门”（《吴越春秋》）。秦二世也曾“起云阁，欲与南山齐”（《三辅黄图》）。汉武帝亦效黄帝建“井干楼，高五十丈”（《汉书·郊祀志》），以候神人。把楼阁当成与神明沟通和上达天际的途径，同时也利用建筑楼阁来竞相攀比，炫耀奢华和显示权威。

图0-1 岳阳楼、黄鹤楼图（程里光 摄）
明代宫廷画家安正文绘。本图再现了明代岳阳楼和黄鹤楼风貌。岳阳楼在洞庭湖畔，因范仲淹《岳阳楼记》而闻名。黄鹤楼在武昌黄鹄矶头。两楼历代屡建屡毁，此图可能根据前人画本再作，对建筑物描画精细，构造细部交代一丝不苟。

a 岳阳楼

b 黄鹤楼

魏晋以后，更多的楼阁则用于供人登高眺望，以求居高明远，陶情冶性。正所谓“抚凌槛以遥想，乃极目而肆远。情渺然以思迁，怅自失而潜愠”（郭璞《登百尺楼赋》）。于是随缘应化，楼阁便成了人们登临抒怀，慷慨壮歌的胜地。所以白居易在《江楼早秋》一诗中说：“楼阁宜佳客，江山入好诗。”

古往今来，多少名楼丽阁在文人墨客的赞美之下，蜚声海内，为人向往。像湖南的岳阳楼、南昌的滕王阁、蒲州的鹳雀楼、登州的蓬莱阁、武昌的黄鹤楼、汉中的凌霄阁、广州的镇海楼等，其中不少杰构至今仍巍然屹立，成为著名的名胜古迹，供后人游览凭吊。

这些高大壮观的楼阁，不但装点着祖国的秀丽河山，而且在建筑群体的空间组织中，也起着非常重要的作用。楼阁的高大体量可与周围的低层建筑互相映衬，形成对比，构成优美的天际线，丰富建筑群体的空间造型和整个城市的景观效果。因此被视为是能够“通显一邦，延袤一邦之仰止，丰饶一邑，彰扬一邑之观瞻”的标志物。而在风水观念的影响之下，它们更寄托着人们“培风脉、纪地灵、壮人文、正风俗”的美好愿望。

一、释文溯源考异同

楼与阁都是二层以上的建筑，在汉语中楼阁二字常常连用，泛指多层的楼房。但最初楼与阁有着很大的差别，并不是同一种建筑。

楼在早期是高台建筑的一种形式。《尔雅·释宫》谓："四方而高曰台，陕（狭）而修曲曰楼。"这里的楼是指狭长陡峻的高台建筑，如城楼、楼观、亭楼、望楼之类。《墨子·备城门》"三十步置坐候楼，楼出于堞四尺"，《六韬·军略篇》"视城中有飞楼"等，均表明早期的楼多与军事用途有关，便于眺望敌情和加强防御，故《释名》中说："楼谓牖户之间有射孔，楼楼然也。"而后来，随着多层建筑的不断发展，楼的概念也有所变

图1-1　河北正定隆兴寺大悲阁（章力摄）
大悲阁是隆兴寺内的主体建筑，高33米，三层五重檐，平面方形。始建于北宋开宝四年（971年），雄浑古朴，巍峨壮丽，是正定古城的象征。阁内置有一尊高达27.3米的铜铸千手观音像，是极难得的宋代遗物。

图1-2 辽宁沈阳故宫凤凰楼（覃力 摄）

原名"翔凤楼"，建于后金天聪元年（1627年），清康熙年间重修，乾隆八年（1743年）改今名。楼高三层，为清宁宫的门楼，是皇帝策划军机大事和宴会之地。凤凰楼当年是盛京城内最高的建筑，"凤楼晓日"被誉为沈阳八景之一。

图1-3 山东曲阜孔庙奎文阁（覃力 摄）/后页

奎文阁初建于宋天禧二年（1018年），金明昌二年（1191年）重修，明弘治十三年（1500年）扩建为三层，高23.35米，面阔七间，进深五间，做工奇巧，观瞻堂皇，是孔庙的一座藏书楼阁。

化。至东汉时，《说文解字》对楼的解释即改为“重屋”，楼除了军事作用之外，还普遍用于居住和其他用途。

然而，无论是高台之楼，还是重屋之楼，它们的主要特征都是一个高字，非用梯而不能上达。

阁虽然也是一种多层建筑，但与楼不同，它的称谓是由架空贮藏引申异化而来。《广雅·释宫》“阁，厨也。”《广雅·释诂》“阁，载也。”《礼记·内侧》云：“大夫七十而有阁。”郑玄注：“阁，以板为之，庋食物也。”上部贮藏食物，下层架空，故孔颖达释义：“阁，架橙之属。”推而广之，收藏图书、器物的建筑物也叫阁。《三辅黄图》“石渠阁，萧何造，其下砻石为渠以导水，若今御沟，因为阁名”，其内藏汉入关后所得秦之典籍和秘书。高架的复道也可称阁，《国策·齐策》中有“为栈道木阁，而迎王与后于城阳山中”。张衡《西京赋》也有“阁道穹隆”之说。

总之，这些“阁”的基本特征都是底层架空，只利用上部空间，所以后世便将下部架空，上部作主要使用空间的建筑物也称作阁。这或许从一个侧面说明，阁的前身是由干阑建筑发展而来，也未可知。

楼与阁虽然均系屋上建屋，但是它们的缘起和使用功能，却存在着较大的差异，只是后

图1-4 河北宣化清远楼（章力 摄）

清远楼又名钟楼，位于宣化城内正中。建于明成化十八年（1482年）。楼三层，高17米。建在7.5米高的砖台之上。面阔五间，进深七间，平面呈“亞”字形。楼的四面皆出抱厦，环以游廊，楼内悬有明嘉靖年间铸造的铜钟一口。

图1-5 广西合浦大士阁
（栗历艰 摄）
大士阁建于明万历四年（1576年），又称四牌楼。为两幢建筑相连，重檐歇山顶，造型古朴。内部梁架多用铁木，楹柱呈梭形，柱础刻宝相莲花，角柱侧脚生起，是南方古建筑遗存中的一个重要实例。

来随着建筑技术的发展和使用功能的定型，才开始逐渐地相互趋近。

东汉以后，高台建筑不再有大量运用，多层木构的“重屋”开始大行于世。同时，为了扩大阁的使用层面，有采用加“副阶”和“缠腰”的方法，将阁的支柱层封闭，导致阁的结构和空间特征消逝，楼与阁在外观上渐渐接近，以至于很难区分。南朝时的《玉篇》和唐时的《一切经音义》都释义：“阁，楼也”，即是这一变化的佐证。但是阁供庋藏和供奉的特征却仍然延续了下来。

唐宋以后，楼与阁更趋于融合，命名为楼或阁的建筑物，在形式和结构方面，大多没有严格的区别，属于同一类建筑。虽然楼和阁的称谓仍然保持，但是人们对于其中的含义和区别，已不再那么严格地去考究，有时唯求其古雅，名实却不一定相符。

二、演化定型成古今

相传楼与阁最初都是出现于黄帝时代，《春秋纬》说："黄帝坐扈楼，凤鸟衔书其中，得五始之文。"《事物纪原》载："黄帝时，凤巢于阿阁，则阁亦肇始于黄帝矣。"这些说法多系托古之作，不足为信。

其实楼阁的发端，大概应在商周前后，或稍晚一些。由于当时楼阁的形制尚不成熟，所以直至春秋战国之际，有关楼阁的记载才开始出现。其时的楼多是高台建筑，而阁则为阁道、复道一类的建筑。目前有关楼阁建筑最早的形象资料，是战国时期的铜器铭刻，抽象地反映出两层建筑空间。

秦汉之时，多层和高架的木构建筑得到了很大的发展，独立的重屋式的楼和阁开始出现。《三辅黄图》记汉长安"夹横桥大道，市楼皆重屋"。又"未央宫有天禄阁、麒麟阁"，是为藏秘籍、器物之所。楼与阁的形制日臻成熟，楼除了瞭望防御等军事功用之外，已广泛用于居住，而阁也开始进入宫苑。

图2-1a,b 天津蓟县独乐寺观音阁外观及剖面图（章力 摄）/对面页

独乐寺观音阁为辽圣宗统和二年（984年）重建。上下两层，内设暗层，通高23米，是国内现存最古老的高层木构楼阁，历经30余次地震，至今仍巍然屹立。阁内16米高的辽塑观音和两侧的胁侍菩萨，亦为十分珍贵的文化遗产。

a

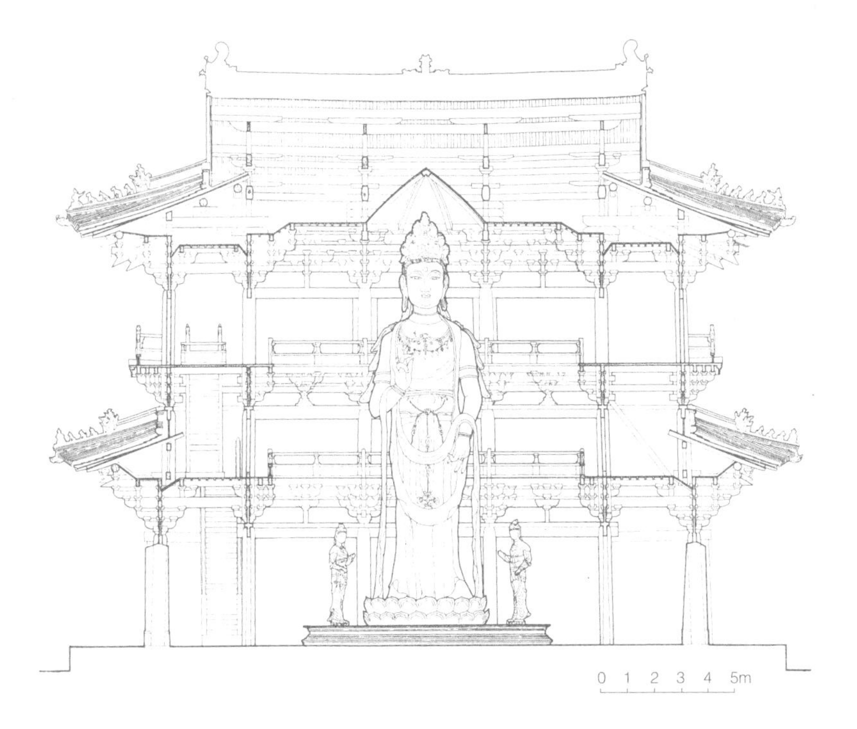

b

图2-2 山西大同善化寺普贤阁（覃力摄）
普贤阁在善化寺西侧，金贞元二年（1154年）重建。采用平坐暗层的做法，三间见方，重檐歇山顶。楼阁造型结构精巧，玲珑秀丽，尚存唐代楼阁遗韵，是仅存的几座早期木构楼阁中的一座。

东汉以来，随着多层木构建筑技术的进步，楼阁建筑有了进一步的发展。早期的高台建筑逐渐退出历史舞台，楼与阁已成了较为常见的多层建筑，用以满足某些功能的需要，或是作为宫室、苑囿中的点缀。东汉明器和画像石所表现的楼阁，为这一时期楼阁建筑的造型结构提供了一些形象资料。

南北朝时期，佛教盛极，多层的木构楼阁加上刹顶作为浮屠广为兴建，从另一个角度推动了楼阁建筑的发展。据《洛阳伽蓝记》记载北魏洛阳永宁寺，“寺中有九层浮屠一所，架木为之，举高九十丈，有刹复高十丈，合去地一千尺”，其所显示的结构和施工技术水平，

图2-3 山西万荣飞云楼外观及立面图（章力 摄）

飞云楼位于万荣县解店镇东岳庙内，唐代即有此楼，清乾隆十一年（1746年）重建。三层四滴水，十字脊。平面方形，四根通柱直达楼顶，上部设两层平坐暗层，每面多出抱厦一间，翼角交织，秀丽壮观，是我国木构楼阁中的代表作。

a

b

a

图2-4a~c 广西容县经略台真武阁外观、立面与纵剖面图、横剖面图（粟历艰 摄）
真武阁建于明万历元年（1573年），坐落在唐人构筑的经略台上。三层通高13.2米。真武阁运用杠杆原理，使二层楼四根内柱悬空，结构奇特，技艺高超，为建筑史上所罕见。

成为我国古代建筑技术成就的一个里程碑。南朝梁时所建的升元阁（瓦官寺阁），也是历史上著名的高阁，阁高二百四十尺，亦相当宏伟壮观。

唐代，楼阁在建筑组群中的地位得到了加强，常常用作主体建筑。许多规模较大的公共性楼阁建筑还成了人们登览抒怀的胜地，有着点景壮观的作用。如被誉为江南三大名楼的滕王阁、黄鹤楼和岳阳楼，就都名满当时，声贯古今。寺院中佛塔的地位，也开始为供有佛像的楼阁所取代，楼阁成了唐代寺院内的中心建筑。在敦煌石窟的唐代壁画中，寺院的主体建筑，即常常是由廊道相连的三座楼阁。

宋以后，木构建筑开始朝着定型化和标准化的方向发展。李诫编修的《营造法式》，

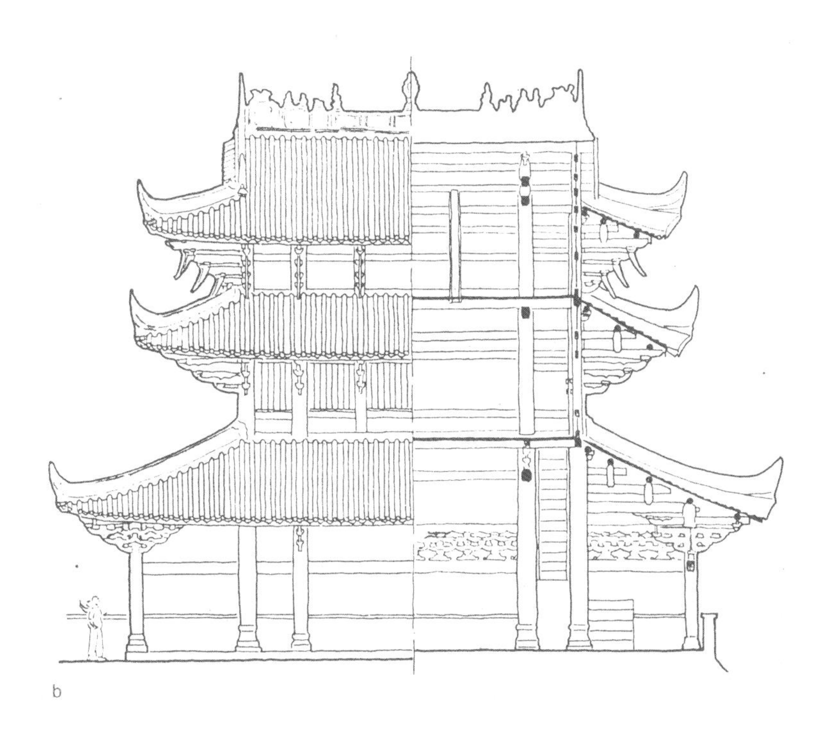

b

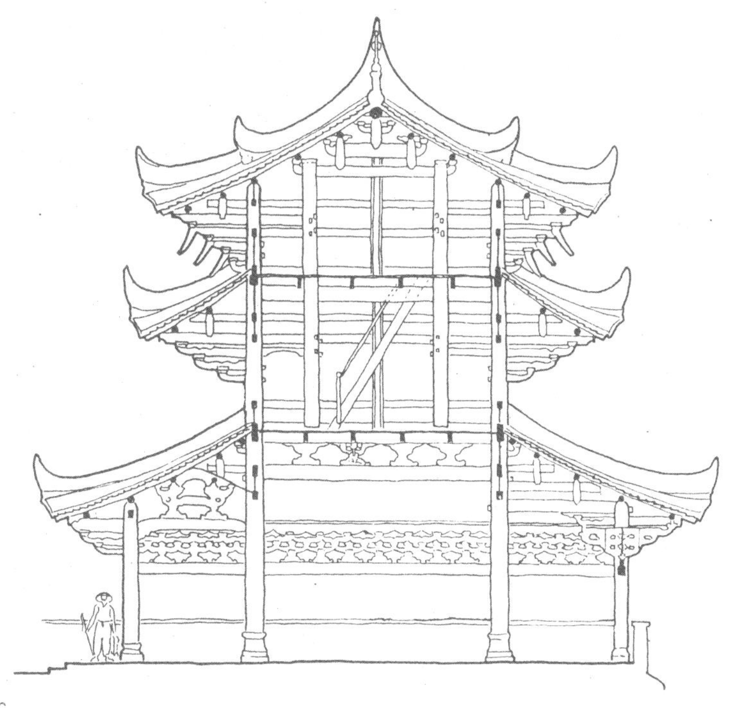

c

a

图2-5a~c 河北承德普宁寺大乘阁外观、立面图和剖面图（张振光 摄）

大乘阁是普宁寺中的主体建筑，建于清乾隆二十年（1755年）。正面外观六层重檐，高36.75米，造型雄伟壮观。内部为了安置22米高的木雕大佛，用通高的金柱创造了一个近25米的空间，其建筑构造技术广为世人称道。

b

c

对北宋以来的木构建筑技术进行了规范性的总结，其中记述了“殿阁”与“堂阁”两种楼阁建筑的构架形式，以及“叉柱造”、“缠柱造”和“永定柱造”等楼层立柱的方式。辽金时期，有少数楼阁一直遗存至今，如建于辽统和二年（984年）的天津蓟县独乐寺观音阁、金贞元二年（1154年）重建的山西大同善化寺普贤阁等，都是研究木构楼阁的珍贵实物。

至明清时，楼阁已成为古代木构建筑中最普遍的建筑类型之一，它在景观造型方面取得的艺术成就，也深为世人所称道。楼阁的形式和做法，更加趋向程式化，盛行于唐宋时期的水平结构层，多被取消，“通柱造”广为应用，在处理完整高大的内部空间方面，达到了炉火纯青的地步。如建于清乾隆二十年（1755年）的承德普宁寺大乘阁，即在内部利用通高的金柱，创造了一个高达25米的巨大空井，井口跨度达10.62米，是一座不可多得的木构建筑珍品。

此外，楼阁建筑的功能用途亦有所拓展，除了用于居住、宫廷、宗教和军事防御之外，游赏性、商业性、娱乐性、纪念性的楼阁比比皆是。受风水理论的影响，这一时期，更出现了大量以“扬文远，壮观瞻”为名目的风水楼。

三、造型丰富功用广

楼阁建筑不但体量高大，造型丰富，而且应用的范围也很广泛。其高大的体量，宽绰的内部空间和以高达远的标志性特征，为满足某些特定的功能和环境的需求，创造了条件，繁衍出众多不同用途的楼阁类型。

有用于军事防御的城楼、箭楼、敌楼；用于管理报时的钟鼓楼、谯楼、市楼；用于储藏供奉的藏书楼、藏经阁、万佛楼；用于服务娱乐的酒楼、茶楼、戏楼；用于扬文运培风脉的文昌阁、奎星楼；还有用于挹景游赏，建在风景园林之中的名目众多的楼阁，以及纪念性和居住性的楼阁等。

图3-1 四川成都望江楼
（覃力 摄）
望江楼也叫崇丽阁，在濒锦江南岸薛涛遗迹傍。楼高四层，30米。平面方形，下二层为四角，上二层变为八角，楼顶做镏金宝顶。相传唐代女诗人薛涛曾在此建造过吟诗楼，早已圮废，现存之望江楼系晚清重修。

图3-2 宁夏银川玉皇阁

银川玉皇阁建自明代，是一座高台楼阁。台基用土夯筑，砖石包砌，高19米，东西长37.6米，南北宽25米，中有拱券一道，可以通行。台基之上四面建有角亭，中置卷棚歇山殿，殿后是二层三重檐的楼阁。层楼重叠，檐角飞翘，是一组极为精美的楼阁建筑。

这些楼阁，或是属于独立的景观建筑与功能建筑，地处市肆之中、乡野之旁，成了彰显观瞻的标志性建筑。或是作为建筑群体的构图中心，巧妙地借助其高大的体量，打破平板的环境气氛，丰富整体的空间轮廓。它们巍然耸峙，雄伟壮丽，以其生动的建筑造型先声夺人；它们还刻意在平面形式、屋顶做法、台基处理和整体造型组合等方面，极尽变化之能事，创造了许多雄奇伟岸和绚丽多姿的建筑形体，是古代木结构建筑技术的集大成者。

楼阁建筑的平面形式，多为方形和矩形，但是为了追求形体的丰富，适应地形的需要，也常常采用正六边形、正八边形、圆形、十字形、凸字形、凹字形及曲尺形等。有些还在不同的层面，采用不同的平面形式，甚至是几种平面的相互组合，可谓千姿百态，蔚为大观。然而大多数的楼阁仍作矩形平面，与古代传统建筑的平面形态相一致，而那些正多边形平面的楼阁，则显然是受到了塔的影响。

楼阁建筑的屋顶形式，早期多作庑殿顶，汉陶器所显示的楼阁屋顶，有庑殿、攒尖、悬山等形式。其后歇山顶的楼阁盛行于世，宋元之际，更有在此基础上发展起来的十字脊、丁字脊等屋顶流行。此后楼阁的屋顶形式就更加灵活多样，举凡各种单层建筑的屋顶，大多均可用于楼阁。如攒尖、庑殿、歇山、悬山、硬山、十字脊、卷棚、重檐、复檐、抱厦等。另外，还有一些比较特殊的屋顶，如福建上杭的蛟洋文昌阁和四川成都的望江楼，屋顶由方至八角形逐层变化。

图3-3 山东聊城光岳楼（张振光 摄）/上图

光岳楼又名东昌楼，建于明洪武七年（1374年），地处旧城中心。楼的台基为砖石结构，高9米，上部木构楼阁四层五开间，歇山十字脊屋顶，通高33米。楼高崔巍，冲汉凌霄，是聊城的标志性建筑。

图3-4 河北承德避暑山庄烟雨楼（章力 摄）/下图

避暑山庄烟雨楼在如意洲之北的青莲岛上，为仿嘉兴烟雨楼之作。清乾隆四十五年（1780年）动工，翌年完成。楼呈长方形，高二层，临湖而建，凭栏远眺，湖光山影历历在目，秋夏时节，烟雨弥漫之际更添诗情画意。

楼阁建筑的台基是形体造型的三大要素之一，原始的楼的台基多是高大的土台或木台，而阁的下部则多为木构架空的支柱层。总的来说，后世楼阁的台基，有与普通建筑一样的，也有一遵古制，以高台为基的，抑或是以水中木桩上所建之平坐为基的。楼阁台基的平面，一般都与上部结构的平面形式相符，低矮的台基与殿座无异，而高大者，则借助其庞大的体量和收分的线条，突出楼阁的雄伟高耸气势。

此外，楼阁的造型，从两层、三层到更多的层，多取奇数。外观也常用重檐，自下而上逐层内缩，各层用腰檐和平坐过渡，轮廓丰富，造型持重。而不同的平面形态与屋顶形式的组合，又能使楼阁的体型富于变化，特别是将多个不同体量的建筑组合在一起，聚巧形以展势，则更能构成一种高低错落、丰富多变的整体造型，从而增强其观赏性，使楼阁建筑更加具有魅力。

图3-5　山西大同云冈石窟（章力 摄）

云冈石窟的窟檐重建于清顺治八年（1651年）。第5、6窟的木构楼阁均高四层，面阔五间，进深三间，层层设围廊，置腰檐，上下收分明显，是云冈石佛寺的主体建筑。

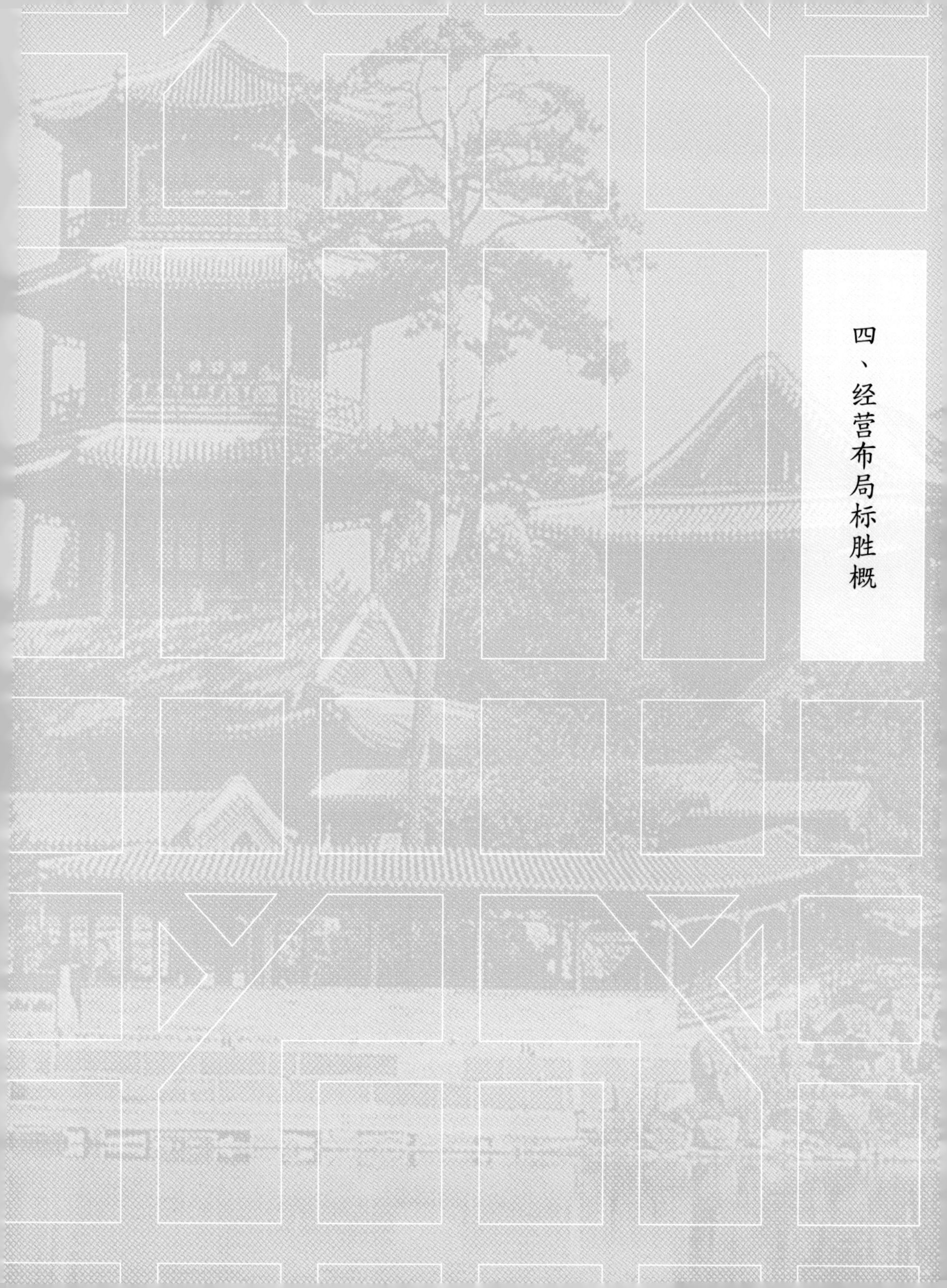

四、经营布局标胜概

《尔雅·释诂》谓："楼，聚也"，点出了楼阁建筑的结构和景观特征。楼阁是由多层房屋聚合而成，因其体量高大，而成为汇聚人们视线的构图中心。同时，又因高而致远，可将四面的景物聚敛于楼阁之内，缩小了景物之间的距离。正如苏东坡所言："赖有高楼能聚远。"很明显，楼阁建筑在环境景观构成方面，有着"景观"和"观景"的双重作用。既运用其硕大华美的形象构成"景观"，同时又是凭栏远望，怡神旷目的"观景"之地。而楼阁建筑之经营亦是以此为准则，旨在创造环境景观之焦点和眺览景物的最佳场所。

在建筑组群之中建楼阁，常借助其高大的体量，作为构图中心，以标示空间序列的高潮。河北正定的隆兴寺，即是以五檐三层的大悲阁作为主体建筑，居轴线正中，两侧用稍矮的慈氏阁和转轮藏阁作陪衬，主次分明，起着控制全局的作用。而城市中的城楼、钟鼓楼、

图4-1a,b 北京颐和园佛香阁外观及立面图（章力 摄）
佛香阁位于颐和园万寿山前山中路高处，八角三层四重檐，高41米，下部石基高20米，是我国现存的第一木构高阁。由于它体量高大，气势伟岸，因而成了颐和园构景中心，是我国园林建筑中的优秀实例。

a

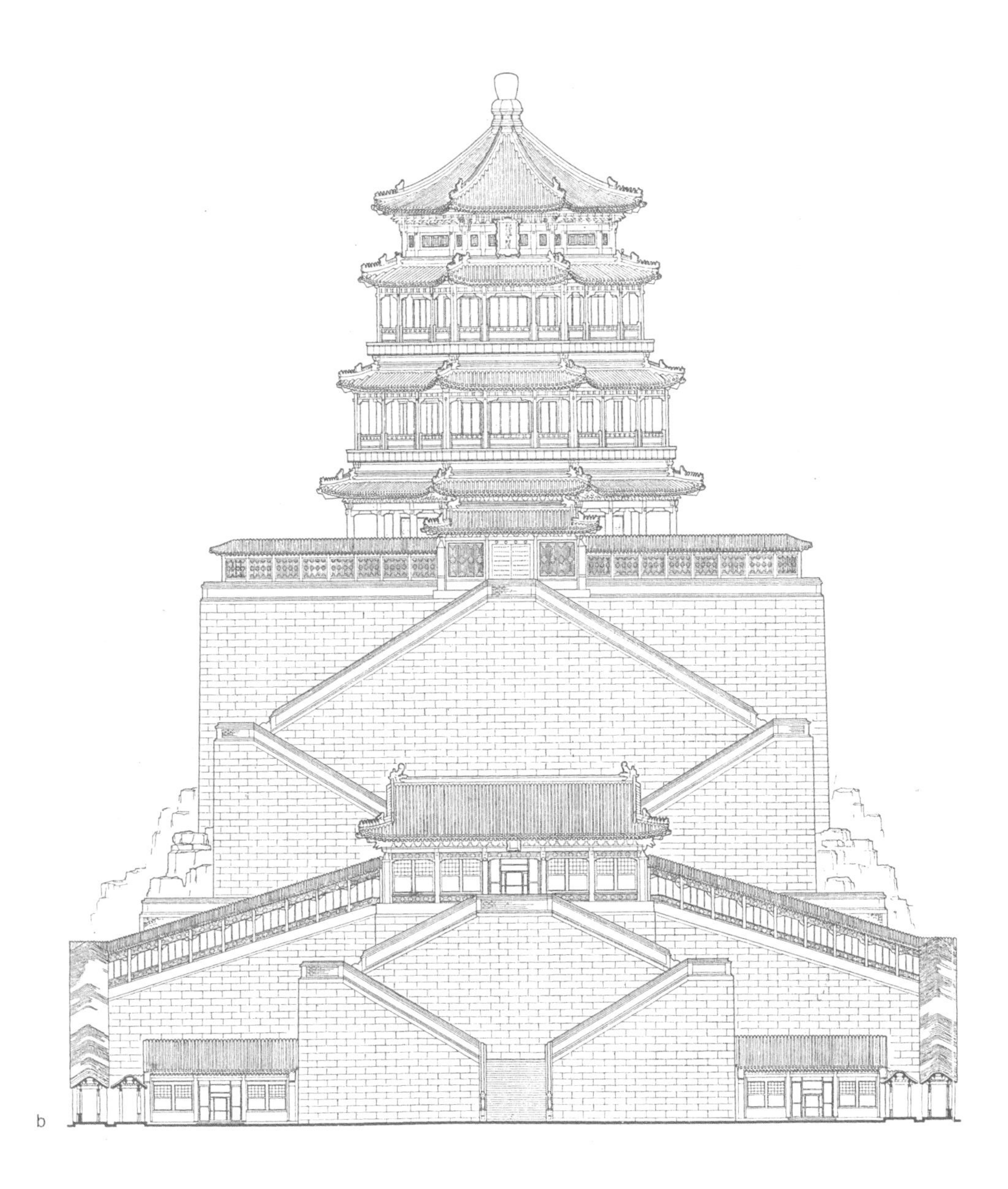
b

图4-2 广州镇海楼（章力摄）/前页
镇海楼在广州越秀山顶，建于明洪武十三年（1380年）。楼名取自"雄镇海疆"之意。平面长方形，高五层28米，硬山层层内收，下层围墙用红石砌筑。屹立山巅，气宇轩昂，是为清时羊城八景之一"镇海层楼"。

市楼等，亦统领着城市空间，打破了周围平板的低矮建筑氛围，形成造型丰富的整体轮廓，从而成为城市空间组织的界标。

在园林和风景区中建筑楼阁则有如下的一些特色。

山上建楼阁，多是彰显其高，借山为基，利用山势地形的变化，构筑环境景观的重心。正所谓："山之楼阁以标胜概"（郭熙《林泉高致》）。而人们登楼极目，视野开阔，又能产生"回临飞鸟上，高出世尘间"（畅当《登鹳雀楼》）的感觉。所以乾隆皇帝说："山之妙在拥楼，而楼之妙在纳山。"

因山建楼，有筑于山巅之上者，如镇江焦山的吸江楼，居峰而建，登楼临窗远眺，浩瀚长江尽收眼底，江涛激流似与人之呼吸相应和。承德避暑山庄的上帝阁，位于金山之顶，

图4-3 河北承德避暑山庄金山（章力摄）
避暑山庄金山上的上帝阁是康熙三十六景中的"天宇咸畅"。阁高三层，六角攒尖顶，内部供有真武大帝和玉皇大帝，是山庄湖区的制高点，凭栏极目，湖光山色尽收眼底，故曰"天宇咸畅"。

三层六边形，是湖区的最高景点，登阁可俯瞰碧水，遥望苍山，宛如置身画图之中。广州越秀山顶的镇海楼，亦因其气势宏伟，雄镇海疆，而成为“羊城八景”之中的一胜景。

然而，更多的楼阁却是建在山腰或是山麓，背依峰峦，建筑群体布置，因山就势，高低错落，楼阁常常作为空间序列的终点和游赏的高潮所在。北京颐和园内的佛香阁，是在山腰地段建筑楼阁的最佳实例，而承德外八庙中普宁寺的大乘阁，则是在山麓地段建筑楼阁的典范。

临水建楼阁，是为了借水创造环境气氛，为登高凭眺提供旷达的景观效果。水面所产生

图4-4 浙江嘉兴烟雨楼（王雪林 摄）
嘉兴的烟雨楼建在南湖的湖心岛上，取唐人杜牧“南朝四百八十寺，多少楼台烟雨中”诗意名楼。始建于五代，明嘉靖二十八年（1549年）嘉兴知县赵瀛又仿旧制建楼于湖心，四面临水，水木清华，晨烟暮雨，俗称胜景。

图4-5 山西浑源悬空寺（章力 摄）/后页
悬空寺建于北岳恒山金龙口西崖峭壁之上，由一组依崖而筑的楼阁构成，楼阁间用栈道连通。造型高下错落，参差有致。楼阁在陡崖上凿洞穴插悬梁为基，临险势危，有“巧夺天工”之誉。

的波光倒影，烟云水雾，又会烘托景观意境，生发“多少楼台烟雨中”的诗情画意。

在水边建楼阁，或设平坐，凌波踏水，或筑高台，以加强控制水面的区域。云南昆明的大观楼，南临滇池，与太华山隔水相望。楼三层正方，登临四顾，“五百里滇池奔来眼底”。郭沫若《登楼即事》诗赞曰：“果然一大观，山水唤凭栏。”嘉兴南湖的烟雨楼，建在湖心，四面临水，水木清华，晨烟暮雨，亦堪称杰构。

此外，还有许多楼阁巧借地形环境的“险”、“奇”特征，与高崖绝壁、大江激流相映衬，愈显高耸险峻，而令人惊叹称绝。如山西浑源的悬空寺，背依翠屏山，上载危岩，下临深谷，楼阁悬空，有若断崖飞虹。四川灌县的伏龙观，建于都江堰宝瓶口处的离堆之上，汹涌的岷江从两侧奔流而过，气势非凡。四川忠县的石宝寨魁星阁，依玉印山崖而建，面长江，目列岫，重楼飞阁层叠凌空，有如壁间镶嵌，竣极天工，广为称道。

五、丽构宏文相辉映

宋人滕子京在他写给范仲淹的《求书记》中，作过这样的论述："天下郡国，非有山水环异者不为胜，山水非有楼观登临者不为显，楼观非有文字称记者不为久，文字非出于雄才巨卿者不为著"，道出了楼阁与文章相得益彰的关系，同时也点明了楼阁建筑之所以为人们喜闻乐见的文化底蕴。

在中国，楼阁不但是人们登高览胜、开拓胸襟的游赏之地，而且因其能达旷观、纳万象，又成了人们怀古论今、慷慨壮歌的胜地。自古以来，文人墨客大都偏好登楼临阁，观之赏之，凭之吊之，眺览之余，满怀激情的感慨便油然而生。

王之涣在登上蒲州鹳雀楼之后，纵目骋观，咏出了"欲穷千里目，更上一层楼"的千古绝唱。杜甫在《越王楼歌》一诗中则抒发了他的怀古幽思："楼下长江百丈清，山头落日半轮明。君王旧迹今日赏，转见千秋万古

图5-1 湖南岳阳岳阳楼
（章力 摄）
岳阳楼位于岳阳西北城墙岳阳门上，面临洞庭湖，是著名的江南三大名楼之一。初建年代不祥，后因范仲淹之《岳阳楼记》名声益盛，几经兴废。现楼为清光绪五年（1879年）再建。主楼平面长方形，三层盔顶，通高19.72米，木构精湛，造型飘逸。

图5-2 江西南昌滕王阁（张振光 摄）

滕王阁在南昌赣江之滨，创建于唐代，以王勃的《滕王阁序》传颂千古。旧阁屡毁屡建，现在的滕王阁是1989年修建的，取法宋唐，富丽绚奇。

a

情。”枣据在《登楼赋》中亦由衷地发出：“怀桑梓之旧爱，信古今之同情”的感慨。可谓目之所及，心之所达，尽皆溢于言表。

楼阁建筑的这种居高明远的功用，无形之中缩短了人间的时空距离，使楼阁成了观赏者与环境景观及世事沧桑之间的媒介。还使人能通过这一媒介，用心灵去观察世间万物，激发人们的情感，抚今追昔，感慨万千。难怪范仲淹的《岳阳楼记》在赞赏过岳阳楼的“淫雨霏霏”和“春和景明”的美景之后，便以“不以物喜，不以己悲”的博大胸襟，抒发了“先天下之忧而忧，后天下之乐而乐”的旷古情怀。而岳阳楼之所以能够名噪古今，也在很大程度上，有赖于范仲淹这篇脍炙人口的咏楼记文。正所谓“文因楼作，楼以文传”。

b

图5-3a,b 云南昆明大观楼

昆明的大观楼于清康熙年间创建，南临滇池，与太华山隔水相望。现楼为同治八年（1869年）重建。楼平面方形，三层攒尖顶，以孙髯翁所撰之一百八十字长联而闻名于世。

图5-4 山东蓬莱市的蓬莱阁（程里尧 摄）/前页
蓬莱阁在蓬莱城北面的丹崖山巅，下临大海，殿阁凌空。阁高15米，重檐歇山顶，始建于北宋，明代扩建，清代重修，素有“仙境”之称。

a

南昌的滕王阁也是因王勃所写的《滕王阁序》一文而名震天下。自唐代永徽四年（653年）建阁以来，历经1300余年，屡毁屡建，极富生命力，并始终为人们所向往，而成为著名的江南胜迹。

武昌的黄鹤楼亦是如此，唐人阎伯理在《黄鹤楼记》中称黄鹤楼是：“矗构巍峨，高标巃嵸。上倚河汉，下临江流，重檐翼馆，四闼霞敞。坐窥井邑，俯拍云烟，亦荆吴形胜之最也。”自从崔颢写了《登黄鹤楼》一诗以后，黄鹤楼的名声便为之大振，加之李白、王维、贾岛、杜牧等人的诗文颂词，也就更加声誉日隆，后世的陆游更称其是“天下绝景”。

b

图5-5a,b 湖北武昌黄鹤楼外观及复原模型（刘炯 摄）

黄鹤楼始建于三国吴黄武二年（223年），距今已有1700余年历史。因历史悠久，地势险要，规模宏大，气势雄伟，而居中国江南三大名楼之尊。从一座具有军事瞭望和指挥功能的哨楼，逐步演变为集游乐、宴饮和登临览胜的旅游名胜。

至明代时，在长江对岸，取崔颢诗“晴川历历汉阳树”句意又建造了晴川阁，与黄鹤楼隔江而望，两相辉映。这就更加增添了黄鹤楼的艺术感染力，使文化沉淀与楼阁建筑珠联璧合，相得益彰。

实际上，只要一提起昆明的大观楼、登州的蓬莱阁、采石矶的太白楼、金华的元畅楼，以及苏州寒山寺的钟楼等，人们便会马上联想到那些与之相应的诗文楹联。这种楼阁与文学作品相辅相成的文化现象，具有十分丰富和广泛的社会内容，并已逐渐衍变成为中国的独特建筑审美方式，因而楼阁也就成了传统文化的一种特殊载体。正是由于有了这些歌咏楼阁的诗文，才为楼阁创造和渲染了一种文化氛围，让人们能够在观赏之余，得到综合性的艺术享受，从而使楼阁建筑更加具有魅力。

六、御敌兴市显威严

城楼是楼阁建筑的一种，指建于城墙之上的楼橹，有门楼、角楼、敌楼、箭楼、闸楼等之分。城上建楼，既是出于军事需要，也是为了显示威严，追求壮观的空间造型效果。

早在春秋战国之际，墨家的著述总汇《墨子》中，就记载了许多有关城楼的论述。在敦煌壁画中，也可以见到许多唐宋时期城楼的具体形象。清工部颁布的《工程做法则例》，还规定有五种用于城防的正楼、箭楼和闸楼的做法，与北京现存的城楼实例相吻合。

在造型方面，隋以前，多层的城楼较为常见。传为东汉函谷关东门画像石上的两座城门楼，便都是三层的。《邺中记》记载的后赵石虎邺宫凤阳门楼是“上六层，反宇向阳”。《梁书》中有建康宫城门楼为“三重楼”的记述。《大业杂记》记载隋东都洛阳的则天门、瑞门、兴教门、重光门、泰和门等，也都是“并重观”，是两层的。而从北朝到宋时的城楼，又几乎都是单层的，这在敦煌壁画中可以得到佐证。张择端所绘《清明上河图》中的汴梁城门，以及宋徽宗所绘《瑞鹤图》中的宫城正门，也都是单层的。可见单层城楼是唐宋城楼的通行制度。但至明清时，视所处的地位和防御的需要，城楼又有二至三层者，而为了能够更加有效地抵御火攻，许多箭楼、城楼，便

图6-1 北京正阳门（覃力 摄）/对面页

俗称前门，是明清北京城的正门。城楼建于明永乐十九年（1421年），通高42米，面阔七间，重檐三滴水歇山顶，是一座非常典型的城门楼。

图6-2 北京德胜门箭楼
（章力 摄）
德胜门箭楼在北京旧城西北部，是瓮城的城楼。建于明正统四年（1439年），清乾隆年间重修。箭楼高四层，面阔七间，南面出抱厦五间。用青砖整体包砌，两层屋檐之间开有方形箭窗82个。

采用砖石包砌墙身。北京、西安等地的箭楼和角楼就是如此。

市楼是古市制的产物。市是古代城市中集中进行商业活动的场所。秦汉时期仍承古制，继续实行集中管理的市制。当时的市都建有市门（古称阓）和墙垣（古称阛）。市中还有管理性建筑旗亭，也就是市楼。张衡《西京赋》云："郭开九市，通阛带阓。旗亭五重，俯察百隧"，说长安的市中建有五层楼的市令署，可以居高临下，俯察各处的贸易情况。薛综注："旗亭市楼也，立旗于上，故取名焉。"当时开市于市楼上升旗，闭市降旗，故曰："见旌则知当市也。"

四川成都出土的东汉市井画像砖，表现了一处市场的全景。市中心建重楼，楼上悬鼓。广汉和彭州市出土的汉代市井画像砖中的市楼，也是二层，上悬大鼓。从现已出土的汉代

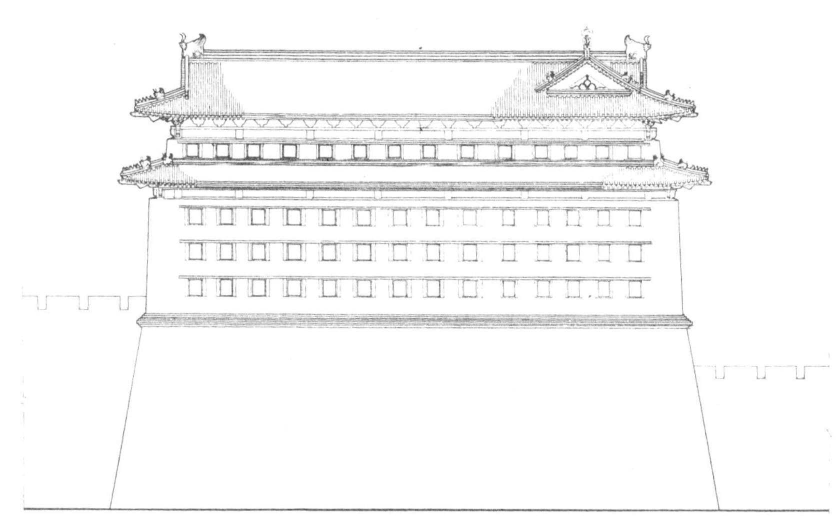

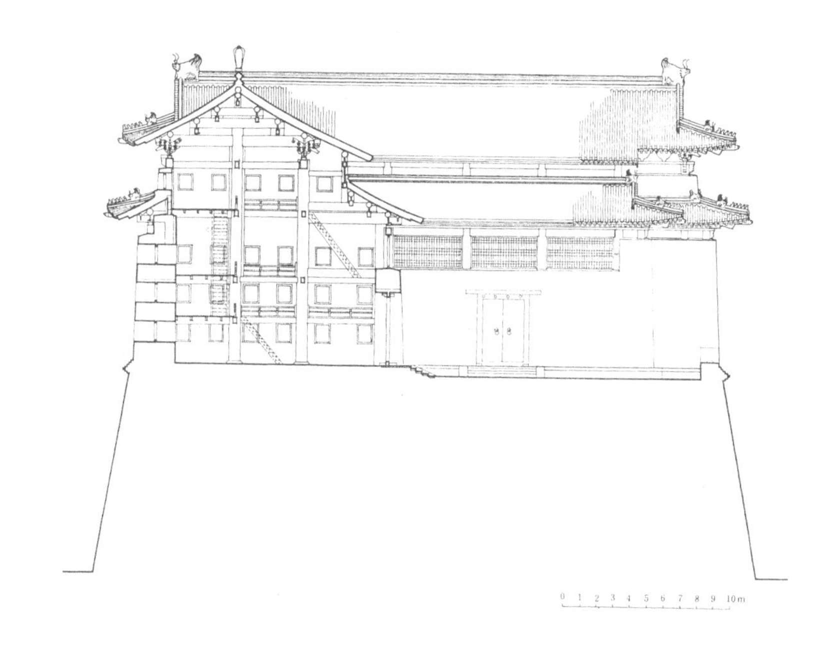

图6-3 北京城东南角楼立面图及剖面图

图6-4 北京故宫角楼（章力 摄）
故宫角楼在紫禁城的四角，平面呈十字形，即方形平面四出抱厦。楼的中央做十字脊，抱厦做重檐歇山顶，对外两面的抱厦歇山顶、山花朝外，屋面铺黄琉璃，造型绚丽多姿，堪称艺术杰作。

图6-5 山西平遥市楼（覃力 摄）

平遥市楼也叫金井楼。坐落在平遥旧城的中心，建于清康熙二十七年（1688年）。楼平面方形，高二层，有结构暗层带平坐。三重檐，琉璃歇山顶。造型绮丽大方，是一座过街楼。

图6-6 山西榆次清虚阁（章力 摄）/前页
清虚阁位于榆次旧城南关，俗称南楼。初建于明代，后经数次重修，阔高25米，平面方形，南北出抱厦，高两层三重檐，歇山顶，二层楼顶做有八卦藻井。

有关市井画像砖来看，虽未见所插之旗，但市楼均为两层，与《三辅黄图》“市楼皆重屋”之说还是相符的，而在市楼上设鼓的做法，却长期为后代所沿用。据《洛阳伽蓝记》载，洛阳阳渠北面的建阳里，有土台，原是西晋时的旗亭，即西晋时市令署所在。“上有二层楼，悬鼓击之以罢市。有钟一口，撞之闻五十里。”可知北魏时已在市楼上并置钟鼓，作为市场开闭的信号。

唐时，亦实行集中的市制，按《唐六典》规定：“凡市，以日击鼓三百声而众会，日入前七刻，击钲三百声而众散。”白行简《李娃传》，曾述及李娃乘车出游，至“旗亭南偏鬻坟典之肆”，花百金尽载以归之事，说明至唐代，市楼仍有称旗亭者。宋以后，随着市、坊制度被破除，市楼也渐渐消失。现在只有山西平遥等地的少数市楼，尚或多或少地存有古典市楼制度的遗韵。

七、暮晨钟鼓报昏晓

钟楼和鼓楼并称钟鼓楼，是古代用于报时带有公共性质的楼阁建筑。钟鼓楼也叫谯楼，谯楼本指城门楼，后因在其上置鼓，故被称为更鼓谯楼。

钟和鼓都是古代的乐器，用于礼乐活动与征战，后来也用以报时。蔡邕《独断》中说：“鼓以动众，钟以止众。夜漏尽，鼓鸣则起；昼漏尽，钟鸣则息。”表明汉朝时就已有天明击鼓催众起，夜暗鸣钟促人息的“晨鼓暮钟”的制度了。

唐代实行宵禁，都城长安在各主要街道及坊门门楼之上都设有鼓，通称“街鼓”。天明时，宫城正门承天门击鼓，城门开启，街鼓打

图7-1 山西大同鼓楼
（韋力 摄）
大同鼓楼位于旧城中心通衢之处。平面正方形，楼高三层，层间置腰檐、平坐，周围廊十字脊。与一般钟鼓楼不同之处，就是该楼没有砖砌的高大台基，而直接建在街心地面之上。

图7-2 陕西西安钟楼（刘宝仲 摄）

西安钟楼地处西安旧城中心东西南北四条大街的交会处。平面正方形，建于青砖砌筑的台基之上，重檐三滴水，四角攒尖顶，通高36米。初建于明洪武十七年（1384年），为报时之用。

六百下，坊门开启。日落时承天门击鼓，城门关闭，街鼓打六百下，坊门关闭。地方的府、州、县城，则在衙城正门上设鼓角，称更鼓谯楼，作为城市的司时中心。《事物纪原》中称："今州郡有楼以安鼓角，俗谓之鼓角楼，盖自唐始也。"

宋时取缔宵禁，街鼓制度遂废，每日清晨靠寺院行者打铁牌敲木鱼沿街报晓。但有些地方仍留有钟鼓楼，如《畿辅通志·真定府》载：百花楼"北宋时建，高百余尺，上置钟鼓滴漏"。

图7-3 福建厦门南普陀寺钟鼓楼（章力 摄）/对面页

南普陀寺钟鼓楼是较为典型的寺院中的钟鼓楼，位于前殿两侧，与游廊相连。楼高两层三重檐，歇山顶铺绿琉璃瓦，檐下做有吊瓜栓，颇具闽南地方风格。

金中都已有独立的城市钟、鼓楼的建置，皇城东西长廊南端的东西两侧，建有相对的两座三层钟鼓楼，时称文楼和武楼。元大都沿用金代制度，在城中部建钟楼和鼓楼，作报时之用。明南京城的钟楼和鼓楼，承前朝遗制，为东鼓西钟的横向部局，明中都亦然。而明代重修的北京城，钟鼓楼却建在景山的北面，全城的中轴线上，鼓楼在南，钟楼在北，面对皇城的北门，成为全城中轴线的终点，构成所谓的“紫金后护”。

明清时，很多府、州、县城，司时功能也从衙署谯楼中分离出来，出现了独立街头的钟楼和鼓楼。由于钟鼓楼是从宫城或衙城城门楼衍化而来，所以也就采用了城门楼的形式，下部都建有砖石包砌的墩台，上部为木构楼阁，西安的钟、鼓楼，宣化的钟、鼓楼等等即是如此。有些则在墩台上加筑了腰檐，使墩台看起来像楼的底层，如山西大同钟楼和北京的鼓楼。

除了城市中的钟鼓楼之外，在宫廷中和寺院中也建有钟鼓楼。

据《水经注》载，北魏时在洛阳宫城中曾建有白楼，“置大鼓于其上，晨昏伐以千椎，为城里诸门启闭之候，谓之戒晨鼓也”。南朝齐的宫城城楼上也设鼓报时。隋时洛阳宫乾元殿的东南角建有钟楼，西南角建有鼓楼，下层设刻漏，按刻漏敲钟击鼓。而唐代长安太极宫的太极殿和大明宫的含元殿等处，均在殿庭东

图7-4 上海豫园卷雨楼（覃力 摄）

卷雨楼是豫园中的主要建筑之一。楼高二层，北面临水设水阁，南面一层名仰山堂。楼的平面呈梯形，两侧有回廊，建筑形体富于变化，隔池与假山互为对景，环境宜人。

南角建鼓楼，西南角建钟楼。此后宋、金、元各代均承唐制，设钟鼓楼，既为报时，又在朝会中作礼仪之用。至明以后，宫廷中置钟鼓楼的做法才逐渐废弃。

在佛寺之中，自隋唐至宋，寺院里大多有钟楼、经楼之设，二楼对称峙立于庭院东西，而没有鼓楼。这是因为在宋代以前，城里有严格的里坊制度，鼓多用于官府和街市的管理，故寺中不能用鼓，以免干扰市政授时。宋代以降，里坊解体，鼓始得用于寺院。与此同时，经楼亦演化为储藏更多经卷的藏经阁，成了佛寺的主体建筑之一，建于中轴线上。原来经楼的位置则为鼓楼取代，钟鼓相对配置在佛殿的两翼。至明清时，对峙的钟鼓楼又被提到了寺院的前部，即入山门之后，天王殿之前庭院的两侧。

八、度藏卷帙化众生

藏书楼是收藏和阅览图书之用的楼阁建筑类型。最早的藏书建筑见于宫廷之中，如汉代著名的石渠阁、天禄阁、麒麟阁，均为藏典籍和秘书之所。隋代建造的观文殿，是将书库列于殿前两庑，而北宋初年所建之崇文院，则将东、西、南三面的廊庑作为书库使用。

宋代宫廷中的藏书楼，有龙图阁、天章阁、宝文阁等。龙图阁采用分类单幢收藏制度，除龙图阁藏御书、御制文集外，其下又分建了经典、史传、子书、文集、天文、瑞总等六座附属建筑，按类分藏图书，以便检阅。宋以来，随着造纸印刷术的普及推广，书籍大增。各府、州、县学内也多建有藏书楼阁，宋称稽古阁，明清时称尊经阁，还有专门供藏皇帝赐书的御书阁。其后民间的收藏家也开始建造藏书楼，藏书之风日盛。

明嘉靖年间创建的浙江宁波天一阁便是私家藏书中极负盛名的一座，也是现存最古的一座藏书楼。天一阁是兵部右侍郎范钦的藏书处，面阔六间二层，西尽间为楼梯，下层供阅览图书和收藏石刻之用，上层按经、史、子、集分类列柜藏书，最多时的藏书曾达七万余卷。

图8-1 浙江宁波天一阁（张振光 摄）
天一阁据古人“天一生水，地六成之”取名，是明代兵部右侍郎范钦的私家藏书处，建于明嘉靖四十年（1561年）前后。阁为木构二层六开间，前面凿有水池，建有假山，环植花树，环境清幽雅致。

a

图8-2a~c 河北承德避暑山庄文津阁外观、立面图和剖面图（张振光 摄）

文津阁建于乾隆三十九年（1774年），是清代皇家著名的藏书楼之一。阁前有门殿和东西配房，阁高三层，外观二层，原存放有《四库全书》及《古今图书集成》各一部。

清代的藏书楼，以北京紫禁城中的文渊阁最为著名，建于乾隆四十年（1775年），专为收藏《四库全书》而筑。其房屋制度、书架款式等均仿天一阁。文渊阁也是六开间，前有方池，后设假山，但屋顶为绿色琉璃瓦歇山顶。因文渊阁的藏书比天一阁多一倍，所以内部结构变为三层，借以增加藏书容量。

为了分藏《四库全书》的副本，清政府又陆续在全国建造了六座藏书楼，即北京圆明园文源阁、承德避暑山庄文津阁、沈阳故宫文溯阁、杭州孤山文澜阁、镇江金山文宗阁、扬州大观堂文汇阁，与前述之文渊阁并称清代七阁。七阁均仿天一阁，也都建有水池、假山、碑亭与花树，是一种与园林相结合，颇具优雅宁静阅读环境的建筑。

清代的私人藏书家也建造了不少藏书楼，如常熟钱谦益的绛云楼、瞿镛的铁琴铜剑楼、

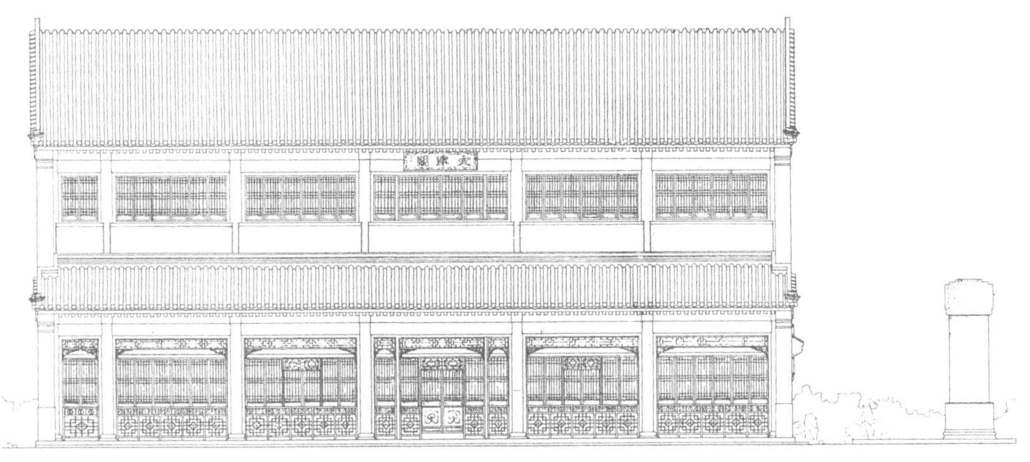

b

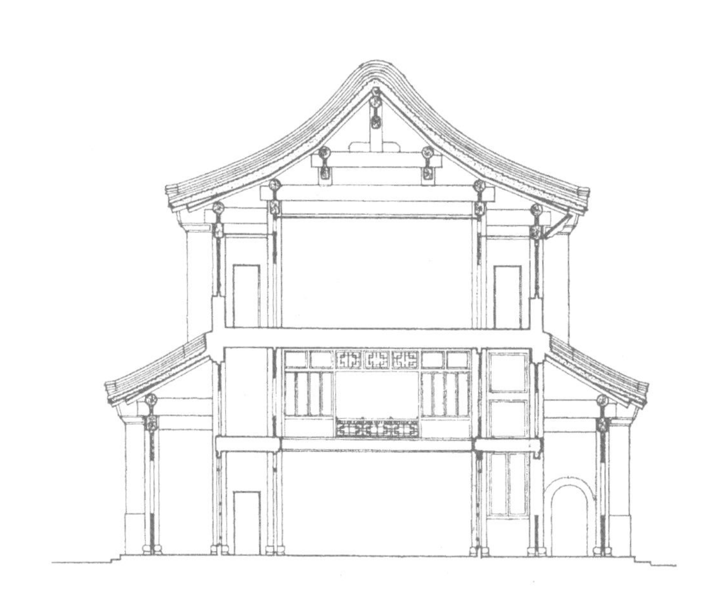

c

浙江瑞安孙诒让的玉海楼、湖州刘承干的嘉业堂以及山东杨以增的海源阁等。

藏经阁也为庋藏之用，不过所藏是经卷而已，多建于寺院之中，特称“经藏”。

隋唐时期，藏经楼阁常与钟楼成对出现，当经卷贮藏不下时，便会另建楼阁，故唐代已有“藏经阁”、“经楼院”之名。宋以后，寺院中钟鼓楼对设，经藏的地位有所提高，常布置在中轴线最后一进，成为寺院的主体建筑之一。

图8-3 北京雍和宫万福阁（章力 摄）
万福阁在雍和宫最后一进，是宫中最高大的建筑。阁长方形平面，七开间，三重屋檐。内部供26米高的檀香木雕弥勒像。阁的左右建有永康阁和延绥阁，并有悬空阁道相连，三阁形成一线，构成一组宏丽壮观的建筑群。

藏经阁多为两层。下层供有佛像，称“千佛阁”或“万佛阁”，中设毗卢遮那佛或三世佛为主尊，沿壁立小龛，设千佛乃至万佛，象征众佛结集会诵读经。上层沿壁立柜橱，安置藏经，中间设条桌供阅读。这种布置称作“壁藏”，还有沿墙壁建较为复杂的楼阁式小木结

图8-4 北京颐和园转轮藏（章力 摄）

转轮藏在颐和园万寿山前山，是一座供帝后礼佛诵经的建筑。正殿为二层楼阁，两侧是双层八角配楼，配楼内有贯通二层的木轮，贮藏经书和佛像，可以转动。

构，以存放经卷的，称“天宫藏”，附会弥勒菩萨收藏一切经卷的“天宫宝藏”。

此外，还有一种转轮式的经藏，通常二至三层，中间贯通，地下设一大转轴，轴上安八面或六面大龛，内储经卷。大龛能推着转，故称“转轮藏”。河北正定隆兴寺和北京颐和园中的转轮藏，即为代表。而山西大同下华严寺薄伽教藏殿中壁间的重楼式壁藏，则是“天宫藏”的仅存实例，极为珍贵。

图8-5 山西交城天宁寺毗卢阁（章力 摄）
天宁寺毗卢阁位于天宁寺轴线的最后，高居石台之上。阁平面长方形，五开间，二层三重檐歇山顶，下层供佛像，上层藏经书，是较为典型的藏经楼。

九、鱼龙百戏梨园台

乐楼、戏楼泛指古代出演乐舞戏剧的场所，历史上有过一些不同的名称和形态。

音乐歌舞起源很早，《周礼》中有鼓人、舞师、磬师、钟师、笙师等记载，当时的音乐舞蹈多用于朝会祭祀等礼仪活动。春秋战国以后，“礼崩乐坏”，音乐歌舞摆脱了礼仪制度的规限，由宫廷逐渐普及民间，成为娱乐性的大众活动，并进而繁衍出杂耍、说唱和戏剧。而与之相应的观演场所，也随着这些表演艺术形式的不断发展在演进。

汉代文献中所记载的歌舞表演，是在庭院中露天进行的。庭院中是否有舞台一类的建筑不得而知，而见诸文字的，多是如“平乐观”、“广望观”、“栅阁”等，供观看者列坐的建筑，或许演出只是在露天平地上举行。

唐时，在前代已有的参军戏、角抵戏和九部乐、散乐的基础上，歌舞、音乐、滑稽表演都更加兴盛繁荣起来，伴随着演出内容的复杂化，对表演舞台便提出了要求。从敦煌壁画中可知，至迟从唐代起，我国已有了真正的舞台。一些唐代的诗词中，也出现了“乐棚”、“歌台”、“舞台”等字样。敦煌盛唐第445窟的壁画中，有一木构楼台，台上有乐人表演，此即当时的乐台或舞台。

宋代商品经济发达，汴梁城内肆店林立，同时也出现了专业性的娱乐场所。民间演出十分频繁，舞台等表演性的建筑也就不可缺少。

a

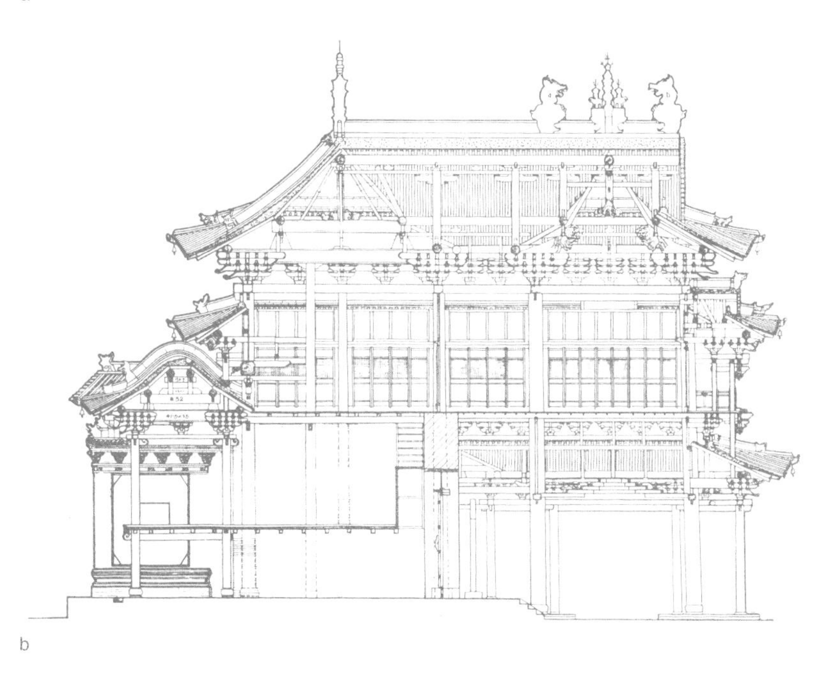

b

图9-1 山西介休祆神楼外观与当心间剖面图（章力 摄）
祆神楼是介休三结义庙前的乐楼，也是一座过街楼，现楼是清乾隆五十年（1785年）重建的。平面是凸字形，下层为庙门，上层为乐楼，中心供神像。楼高二层三重檐，前部用十字脊，后部用歇山顶，设计精巧，构造奇特，雄健瑰丽，为我国楼阁建筑中的难得精品。

a

图9-2a,b 北京颐和园德和园大戏楼外观和北立面图（章力摄）
德和园戏楼建于清光绪十七年（1891年），是国内现存最大的木构戏楼。三层舞台高21米，面阔17米。三层舞台之间均设有天地井连通，可表演升仙、下凡、入地诸情节。底层舞台的下面还设有水池、水井，可搞水法布景。舞台的后面是两层的扮戏楼，迎面是颐乐殿，为帝后看戏的处所。

宋杂剧在民间演出的场所称“勾阑”或“瓦舍勾阑”，是在公共娱乐场所——瓦舍的勾阑内表演。北宋汴梁、南宋临安都有多处瓦舍勾阑，但宋代的文献对勾阑的具体形象很少描述，勾阑大概是把乐棚和舞台结合起来，三面观戏隔出一面作后台。勾阑一直延续到元、明以至清初。从元初杜善夫的散曲《庄家不识勾阑》中，可略知元代的勾阑是有顶的，观众三面围坐。

宋时虽已有了专业性的娱乐场所，但寺庙仍继承和发展了隋唐以来民间文化活动中心的这一特色，建有大量的戏台，直至明清时，许多寺庙中仍建有戏楼。山西境内的寺庙中建筑的乐台尤多，常与山门结合成门楼状，下部出入，上层演出戏剧，是古代寺庙山门重楼的遗制。

b
0
5m

图9-3 山西新绛乐楼（覃力 摄）
新绛乐楼是新绛城隍庙的酬神戏台，也是城内戏曲活动的主要场所。楼身三间，明间宽大，出抱厦一间，屋顶突出，犹如楼阁形制。

图9-4 北京紫禁城畅音阁（程里尧 摄）/对面页
畅音阁戏楼在紫禁城的东北部宁寿宫内，建于乾隆年间，是乾隆为其当上太上皇以后看戏所建。畅音阁高三层，分称“福”、“禄”、“寿”，取吉祥之意，对面的阅是楼内设宝座，为观戏之所。

山西介休的祆神楼，是三结义庙前的乐楼，又是横跨街心的过街楼。为明代遗构，平面凸字形，楼高二层，约25米。下层为庙门，上层作乐楼，设计巧妙，造型瑰丽，是座十分难得的建筑精品。山西新绛的乐楼，也是明代的遗构，为城隍庙的酬神戏台，又是城内戏曲活动的主要场所。陕西大荔县的岱祠楼，也是一座民间酬神赛会的戏楼。戏楼建在2米高的青砖台基上，高20余米，重檐三滴水，相传始建于宋，历代均有重修，现楼亦为明构。

暢音閣
導和怡泰
壺天宣豫

清代宫苑中的戏楼，是综合了民间舞台建筑的精华而成的一种观演建筑，不仅体量高大，而且变单层表演空间为两层或三层表演空间。戏楼都是坐南朝北，和观戏的厅堂组成四合院落，通常正殿明间为皇帝、嫔妃的席位，两廊各间赐王公大臣观戏。乾隆时所建的大戏楼有：紫禁城宁寿宫的畅音阁、寿安宫的大戏楼、避暑山庄福寿园的清音阁和圆明园同乐园的清音阁等。光绪时建的有颐和园德和园的大戏楼，现仅存故宫宁寿宫的畅音阁和颐和园德和园的大戏楼。

十、培裁凤脉兴文运

文昌阁与魁星楼，是中国古代城市、乡村中常建的楼阁建筑，人们以文昌神和魁星神能主文运及功名利禄而奉祀之。明清以来，受风水观念的影响，为弥补自然环境的某些缺陷，满足大众的心理需求，各地大量兴建文昌、魁星等风水楼阁，以图振兴文运、美化山川。

文昌乃道教大神，在民间颇有影响，被视为主宰人世功名利禄之神，源自上古的星辰信仰，称“文昌星”或“文曲星”。文昌星按《史记·天官书》，为北斗之上六星的总称，因“文者精所聚，昌者扬天纪”，故取名“文昌”。其中的司命、司中等星神，在战国时期就已广泛信仰，并被列入国家祀典。

文昌阁所奉祀之文昌帝君，本为梓潼帝君。相传姓张名亚子，居蜀之梓潼县，仕晋战死，后人立庙纪念。唐宋时屡经封赐，影响日广，儒生也多祈祷保佑。宋元间道士假托梓潼降笔，伪造《清河内传》，谓玉帝命其掌管文昌府及人间功名爵禄，故称梓潼帝君。元仁宗延祐三年（1316年）被封为“辅元开化文昌司禄宏仁帝君”。从此文昌神与梓潼神合一，府州县中皆设文昌宫，儒生士子顶礼膜拜，祈求神佑。

奎星也作“魁星”。亦为星神，是二十八宿之一，白虎七宿的首宿，有星十六颗，以形似胯而得名。《初学记》中说：“奎主文章”，故言文章、文运者，多用“奎”字。“以奎为文章之府，故立庙祀之”（顾炎武

图10-1 贵州贵阳文昌阁（黄永通 摄）

文昌阁傍城而建，始建于明万历年间，清康熙八年（1669年）重建。阁高三层20米，底层正方形，二、三层为不等边九角形。阁的外形和构件均以九为基数，屋顶为九角攒尖，梁八十一根，柱五十四根，皆为九的倍数，这种形制确很特殊。

图10-2 福建上杭蛟洋文昌阁（张东瑞 摄）

蛟洋文昌阁建于清乾隆十九年（1754年）。外观六层，高32米。一至四层为方形，五六层变为八角形，攒尖顶冠以红葫芦，檐角饰凤尾反翘。内部实为三层，底层作厅堂，二层为神殿，顶层八面开窗，造型奇丽，工艺精巧。

图10-3 贵州凯里魁星楼（黄永通 摄）/对面页

凯里魁星楼俗称大阁，地处凯里市北隅。创建于清乾隆四年（1739年），多次重修，现存之楼阁为五层五重檐六角攒尖顶，是当初旧城里最高的建筑。

《日知录》）。后因“魁”字有首意，科举之高第亦称奎，民间为图吉利，遂改奎为魁，并以青面赤发、手持大笔之鬼像为魁神，流传至今。奎星信仰始盛于宋，从此经久不衰，成为文昌帝君之外读书人崇信最甚的神。

各地所建之文昌阁、魁星楼，亦有称文星、奎星、奎文、奎光者。多为单幢建筑，但也有不少是一组建筑，福建上杭蛟洋的文昌阁就是如此。蛟洋文昌阁建于清乾隆十九年（1754年），高32米，外观六层，实为三层。四周设有回廊，与厅堂、殿阁组成了一个完整的建筑群体，造型独特奇巧。

在古代，儒家学说倡导文治教化，强调教育，实行科举取士。因而诸多文化建筑，如文庙、学宫、书院等，便多建文昌阁、魁星楼一类的建筑。后受风水学说的影响，文昌阁和魁星楼，更成了城市中仅次于衙署和礼制建筑之

a

外的重要公共建筑，遍及城乡。《宅谱问答指要》中即将其记入城市中的重要建筑之列，说“府州县城，内立衙署、仓库、文昌阁、魁星楼、城隍庙、关帝庙诸祠。”

风水理论注重地理环境及景观对人的影响，着意因借自然，因势利导地将之裁成完善，使人们得以寄托其理想追求，取得心理上的平衡。在这一点上，文昌阁和魁星楼正好为风水所利用，它们的修建不但可用其高大的体量获得良好的景观效果，而且还迎合了人们壮人文、兴文运的心理。故各地的文昌阁、魁星楼，均本着崇文风，壮观瞻而建，而这类风水建筑，也因此具有极佳的观赏性和识别性，成为环境景观的标志，或是构图中心，并往往被地方上选作“八景”、“十景”之中的一景。

b

图10-4a,b 北京颐和园文昌阁外观和正立面图（章力 摄）

颐和园文昌阁在颐和园昆明湖东堤的北端，临近知春亭。原是一座城关，为清漪园时的园门，建于清乾隆年间，后被毁。光绪时重建改文昌阁。阁为高台建筑，下部用青砖砌筑，上部四隅建角廊，中间是凸字形平面的两层木构楼阁。

大事年表

朝代	年号	公元纪年	大事记
周	东周	前770—前256年	楼阁建筑始见于记载
秦	秦二世	前209—前207年	《三辅黄图》记载秦二世“起云阁，欲与南山齐”
汉	汉高祖七年	前200年	营筑未央宫。《汉宫殿疏》载“未央宫有麒麟阁、天禄阁”。《汉宫阁记》载“未央宫有增盘阁、宣室阁”
汉	汉武帝太初元年	前104年	《三辅黄图》载在建章宫内建“井干楼，高五十丈，辇道相属焉”
三国	吴王黄武二年	223年	始建黄鹤楼
三国	魏明帝	227—239年	洛阳金镛城东北隅造层楼，取名“百尺楼”，其高可知
南北朝	后赵太祖建武二年	336年	迁都邺城，作太武殿、玳瑁楼、东西宫。玳瑁楼纯用金银装饰，穷极技巧
南北朝	北魏泰常元年	416年	筑鼓楼于平城（今山西省大同市东），楼甚高耸，加观榭于其上，表里均涂饰石粉，色白，俗称“白楼”
南北朝	北魏	386—534年	后期建山西浑源悬空寺
南北朝	陈后主至德二年	584年	陈起临春、结绮、望春三阁于建康宫城光昭殿前。阁高数丈并数十间。三阁间，建复道以通往来
隋	隋炀帝大业元年	605年	项升造迷楼，经岁始成
唐	唐高宗永徽四年	653年	始建江西南昌滕王阁
唐	唐玄宗开元四年	716年	中书令张说谪守岳州，修楼并正式定名为岳阳楼

朝代	年号	公元纪年	大事记
宋	宋太祖乾德元年	963年	始建山西绛州钟楼。与附近乐楼（始建年代不详）、鼓楼（始建于元至正年间）并称绛州三楼
	宋太祖开宝四年	971年	始建河北正定隆兴寺佛香阁。嗣后，又建转轮藏、慈氏阁等建筑
辽	契丹圣宗统和二年	984年	重建天津蓟县独乐寺观音阁，高23米，是现存最古的楼阁建筑
金	金海陵王贞元二年	1154年	重修山西大同善化寺普贤阁
元	元成宗大德十年	1306年	僧德宝就河北定兴县城内旧大悲阁故址重建慈云阁
	元顺帝至正十七年	1357年	建河北正定阳和楼
明	明太祖洪武七年	1374年	始建广州岭南第一楼
	明太祖洪武十三年	1380年	始建广州镇海楼；建西安鼓楼
	明太祖洪武十五年	1382年	建南京钟、鼓楼。城市街道建钟、鼓楼之制，自明以后逐渐普遍
	明太祖洪武十七年	1384年	建西安钟楼。万历十年（1582年）移至现在位置
	明成祖永乐十八年	1420年	始建北京钟楼、鼓楼。清高宗乾隆十年（1734年）重建北京鼓楼。仁宗嘉庆五年（1800年）重修鼓楼
	明英宗正统九年	1444年	建北京智化寺万佛阁
	明英宗天顺四年	1460年	重修济南声远楼
	明宪宗成化十八年	1482年	建河北宣化清远楼（钟楼）
	明孝宗弘治十七年	1504年	建山东曲阜孔庙奎文阁
	明世宗嘉靖二十八年	1549年	重建浙江嘉兴南湖烟雨楼 建天津蓟县鼓楼
	明世宗嘉靖四十—四十五年	1541—1566年	浙江宁波天一阁建成
	明神宗万历元年	1573年	建成广西容县真武阁
	明神宗万历十一年	1583年	建山西霍州鼓楼
	明神宗万历十二年	1584年	重建湖北江陵元妙观玉皇阁
	明神宗万历十七年	1589年	始建苏州文星阁

朝代	年号	公元纪年	大事记
明	明神宗万历二十五年	1597年	始建贵阳甲秀楼。现有建筑为1909年重建
	明神宗万历三十一年	1603年	建苏州开元寺无梁殿。实为砖结构两层楼阁，名为藏经阁
	明神宗万历年间	1573—1619年	始建贵阳文昌阁于东门城墙上。清康熙时曾两次重建 建山西介休祆神楼
清	清圣祖康熙三十三年至世宗雍正十二年	1694—1734年	建北京雍和宫。有万福阁、永康阁、延绥阁、班禅楼等
	清高宗乾隆六年	1741年	重修河北宣化镇朔楼（鼓楼）
	清高宗乾隆十一年	1746年	重建山西万荣飞云楼。另有秋风楼约建于明代
	清高宗乾隆三十九年	1774年	建文渊阁于紫禁城文华殿后 始建吉林市玉皇阁
	清高宗乾隆四十年	1775年	建承德避暑山庄文津阁
	清高宗乾隆二十一—四十五年	1745—1780年	在承德模仿西藏三摩耶庙建筑式样建普宁寺大乘阁
	清高宗乾隆四十五年	1780年	建承德避暑山庄烟雨楼
	清高宗乾隆四十七年	1782年	始建文澜阁于浙江孤山、文溯阁于盛京宫殿
	清仁宗嘉庆十五年	1810年	重建贵阳来仙阁并定名
	清仁宗嘉庆二十四年	1819年	修建四川忠县石宝寨
	清文宗咸丰八年	1848年	重建天津宁河天尊阁
	清穆宗同治八年	1869年	重建昆明大观楼
	清穆宗同治十年	1871年	重建江苏南京胜棋楼
	清德宗光绪三年	1877年	重建安徽采石矶太白楼
	清德宗光绪十七年	1891年	重建颐和园佛香阁
	清德宗光绪二十一年	1895年	建颐和园德和园大戏台
	清德宗光绪年间	1875—1908年	建四川成都崇丽阁（望江楼）

图书在版编目（CIP）数据

楼阁建筑／覃力撰文／覃力等摄影．—北京：中国建筑工业出版社，2013.10

（中国精致建筑100）

ISBN 978-7-112-15945-1

Ⅰ.①楼… Ⅱ.①覃… ②覃… Ⅲ.①楼阁－古建筑－建筑艺术－中国－图集 Ⅳ.①TU－092.2

中国版本图书馆CIP 数据核字（2013）第233612号

责任编辑：董苏华 张惠珍 孙书妍 孙立波

技术编辑：李建云 赵子宽

图片编辑：张振光

美术编辑：赵 清 康 羽

书籍设计：瀚清堂·赵 清 周伟伟 康 羽

责任校对：张慧丽 陈晶晶 关 健

图文统筹：廖晓明 孙 梅 骆毓华

责任印制：郭希增 臧红心

材料统筹：方承艺

中国精致建筑100

楼阁建筑

覃 力 撰文/覃 力 等 摄影

中国建筑工业出版社出版、发行（北京西郊百万庄）

各地新华书店、建筑书店经销

南京瀚清堂设计有限公司制版

北京顺诚彩色印刷有限公司印刷

开本：889×710 毫米 1/32 印张：3 插页：1 字数：125 千字

2016年10月第一版 2016年10月第一次印刷

定价：**48.00**元

ISBN 978-7-112-15945-1

（24352）